NOTICE

SUR

LES TRAVAUX

DE

M. A. BIENAYMÉ,

DIRECTEUR DU MATÉRIEL AU MINISTÈRE DE LA MARINE.

PARIS,

GAUTHIER-VILLARS ET FILS, IMPRIMEURS-LIBRAIRES
DU BUREAU DES LONGITUDES, DE L'ÉCOLE POLYTECHNIQUE,
Quai des Grands-Augustins, 55.
—
1892

M. Bienaymé a débuté comme sous-ingénieur en 1857; il a été nommé ingénieur de deuxième classe en février 1871, ingénieur de première classe en octobre 1880 et Directeur des constructions navales en avril 1886. Il a successivement passé par les postes suivants :

1857-1859. Toulon : Service général.
1860-1861. Campagne de Chine.
1861-1863. Toulon : Service général.
1863-1864. Le Creusot : Surveillance des travaux exécutés pour le compte de la Marine.
1864-1865. Escadre d'évolutions.
1865-1871. Brest : Service général.
1871-1873. Membre de la Commission permanente d'examen des mécaniciens de la flotte.
1873-1875. Brest : Service général.
    1876. Escadre d'évolutions : Ingénieur d'escadre de M. le vice-amiral Roze.
1877-1880. La Seyne : Surveillance des travaux exécutés à la Seyne pour le compte de la Marine.
1880-1886. École d'application du Génie maritime : Directeur de l'École à Cherbourg, puis à Paris.
1886-1889. Directeur des constructions navales à Toulon.
    1889. (Octobre) : Directeur du Matériel au Ministère de la Marine.

Cette énumération donne l'idée du mouvement et de la variété d'occupations que peut offrir la carrière d'un officier du Génie maritime. En particulier, M. Bienaymé a pris la mer trois fois, toujours sur sa demande, et se trouve ainsi avoir été mêlé à la navigation plus qu'il n'arrive d'ordinaire dans son corps. Lors de ses différents passages au service général, il n'a jamais été spécialisé et s'est occupé de machines autant que de navires.

Il a sollicité en 1885 les suffrages de l'Académie lors de la vacance créée par la perte de l'illustre Dupuy de Lôme. Quand, en 1888, une vacance nouvelle s'est ouverte dans la Section de Géographie et Navigation, M. Bienaymé ne résidait pas à Paris et a considéré que le règlement de l'Académie lui interdisait de poser sa candidature.

NOTICE

SUR

LES TRAVAUX

DE

M. A. BIENAYMÉ.

I.

PLANS DE NAVIRES.

C'est surtout aux croiseurs que se rapportent les travaux auxquels M. Bienaymé s'est livré en dehors de ses obligations de service, antérieurement à la date où il a été placé à la tête de l'École du Génie maritime.

Les premières études relatives aux croiseurs rapides remontent, dans notre Marine militaire, au programme tracé par Dupuy de Lôme en 1865, programme qui donna lieu à la mise en chantier de deux types, vers 1867 : le type *Sané*, de feu M. Dutard, et le type *Infernet*, de M. Bienaymé. Longs, fins, ras sur l'eau, déplaçant 1900 tonneaux environ, filant près de 15 nœuds et portant un approvisionnement de combustible qui représente une distance franchissable de 6000 milles, munis d'une sérieuse voilure, ces deux types offraient une bonne solution du croiseur pouvant se lancer dans les mers éloignées à la poursuite des paquebots rapides de l'époque. Ils étaient peu coûteux, puisque leur prix n'atteignait pas 1 900 000^{fr}, et l'on pouvait, sans trop de frais, en construire un grand nombre (sept furent mis en chantier).

Dans les divers projets qu'il avait présentés depuis 1870, M. Bienaymé avait toujours plaidé la cause des dimensions modérées; enfin, en 1874, il obtenait la création d'un type très légèrement plus grand que l'*Infernet*, mais mieux armé, mieux défendu contre la mer, et dont le prix n'a pas dépassé deux millions et demi. C'est le type *Lapérouse*, mis en chantier en 1875, et qui, en 1876, fut suivi du type *Villars*, dû à feu M. le directeur Sabattier. Un peu avant, et pour répondre à un programme dressé par le Conseil des travaux de la Marine, M. Bienaymé avait présenté les plans du *Rigault-de-Genouilly*, type intermédiaire, comme dimensions, entre l'*Infernet* et les derniers avisos de première classe.

Enfin, en 1878, il fit accepter les plans de l'*Aréthuse*, croiseur à batterie filant 16 nœuds, avec un approvisionnement de charbon représentant plus de 5000 milles et comportant toutes les installations nécessaires à un bâtiment amiral. L'*Aréthuse* était la conclusion d'études entreprises depuis plus de quatre ans pour réaliser, sous un déplacement peu supérieur à 3000 tonneaux, un croiseur ayant une valeur militaire très rapprochée de celle du type *Duquesne*, dû à M. Lebelin de Dionne et dont le déplacement de près de 6000 tonnes, correspondant à une dépense de 7 millions, avait paru trop fort, eu égard à sa puissance militaire.

Les indications qui précèdent montrent la part que M. Bienaymé a prise au développement de notre marine de croisière; elles ont été complétées par des détails dans la Notice qu'il fit paraître en 1885; mais, depuis sept ans, la Marine de guerre s'est tellement modifiée qu'il paraîtrait sans intérêt de reproduire ces détails pour lesquels on renvoie simplement à la Notice en question.

On dira seulement que onze bâtiments ont été construits sur les plans qu'on vient d'énumérer, savoir :

Type *Infernet*...............	*Infernet, Dupetit-Thouars, La Clocheterie, Sané;*
Type *Rigault-de-Genouilly*..	*Rigault-de-Genouilly, Éclaireur;*
Type *Lapérouse*............	*Lapérouse, d'Estaing, Nielly, Primauguet;*
Type *Aréthuse*.............	*Aréthuse.*

Les trois derniers types ont été particulièrement considérés comme d'excellents bâtiments de mer, propres aux longues traversées et aux campagnes dans les mers les plus dures. Ils ont l'avant renversé en forme d'éperon, forme dont M. Bienaymé avait, dès 1869, demandé, sans succès, à faire usage sur le *Dupetit-Thouars*. En dehors de toute valeur offensive, cette forme d'avant avait été préconisée par les premiers qui l'employèrent, comme devant conduire à réaliser des vitesses supérieures. Béléguic, l'auteur du *Renard*, écrivait même que l'eau, vu son incompressibilité, deman-

(7)

dait à être, non pas fendue et écartée par la proue du navire, mais soulevée
et déversée comme l'est la terre par le soc de la charrue; tel, ajoutait-il,
sera l'avantage de l'éperon. Cette théorie n'a pas tenu devant l'expérience;
Béléguic oubliait d'ailleurs que l'eau, à l'inverse de la terre, transmet la
pression en tous sens, et il ne voulait pas voir que la supériorité du *Renard*
sur les autres avisos de sa classe tenait uniquement à ce qu'il était plus fin.

M. Bienaymé a préconisé l'étrave renversée en se plaçant uniquement
aux points de vue pratiques que voici :

Diminution du poids de coque à finesse égale des lignes d'eau avant;

Possibilité d'une meilleure installation pour la pièce de chasse;

Avant mieux défendu contre la mer, et moindre perte de vitesse par mer
debout.

L'expérience a prouvé que ces avantages étaient réels; en particulier, le
Rigault-de-Genouilly a montré des qualités de mer supérieures. Au sortir
d'un cyclone reçu le 28 août 1883 dans les parages des Bermudes, cyclone
où le navire s'était trouvé dans le demi-cercle dangereux, M. le commandant Reyniers déclarait qu'il s'était « merveilleusement comporté » (c'est
l'expression consignée au devis de campagne de M. le commandant Reyniers).

Outre les onze croiseurs qu'on vient de voir, M. Bienaymé citera encore :

En 1867, l'*Infatigable*, remorqueur à roues, de 1000 chevaux indiqués,
construit coque et *machine* sur ses plans; ce remorqueur fait, encore
aujourd'hui, le service du port et de la rade de Brest;

En 1868, le plan type, coque et *machine*, de nos canots à vapeur de 10ᵐ,
à bordages croisés;

En 1868, un plan de grand transport, établi pour utiliser la machine de
l'ancien vaisseau *le Turenne;* approuvé en principe, ce plan ne fut pas exé-
cuté parce qu'on renonça à faire servir l'appareil moteur en question.

II.

TRAVAUX AU SERVICE GÉNÉRAL.

En dehors de la construction d'une partie des croiseurs qu'on a vus, M. Bienaymé a dirigé diverses grandes constructions, entre autres celle du *Colbert*, à Brest, dont il a effectué le lancement en 1875, et a surveillé, à la Seyne, la construction de l'*Amiral-Duperré*. Parmi les nombreux travaux de machines à vapeur auxquels il a pris part, il regarde comme particulièrement intéressants ceux de l'*Onondaga*. Il croit utile d'entrer dans des détails au sujet de l'*Amiral-Duperré* et de l'*Onondaga*.

Construction de l' « Amiral-Duperré ».

L'*Amiral-Duperré* a été mis en chantier à la Seyne, à la fin de 1876, dans l'établissement de la Société nouvelle des Forges et Chantiers de la Méditerranée; c'était la première fois que la Marine confiait à l'industrie privée la construction d'un de ses cuirassés d'escadre, et la confiance de la Marine a été justifiée. Les plans d'ensemble de l'*Amiral-Duperré* étaient de M. le Directeur Sabattier; mais tous les plans de détails, ainsi que les nombreuses modifications qui transformèrent notre grand cuirassé, furent l'œuvre commune de M. Bienaymé et de M. Lagane, l'habile ingénieur qui dirige, à la Seyne, les travaux de la Société des Forges et Chantiers.

Comme tous les cuirassés d'escadre de l'époque, l'*Amiral-Duperré* devait recevoir une importante mâture, et, comme tous les cuirassés de sa taille, le *Duperré* ne pouvait attendre de sa voilure qu'une vitesse dérisoire. M. Bienaymé demanda que la voilure et le gréement fussent supprimés, et qu'on réduisît les mâts au strict nécessaire, pour recevoir des hunes militairement installées. Dans une audience qui lui fut accordée par le Ministre, il fit ressortir quel danger présentait, au moment du combat, la chute possible de tout cet énorme fardage, et il s'efforça de faire prévaloir ce principe que, *dès qu'un cuirassé d'escadre est pourvu de deux hélices et de deux machines indépendantes, il n'y a plus lieu de lui donner de voilure.* M. Bienaymé n'eut pas gain de cause immédiat, et le *Duperré* fut continué tel qu'il avait été prévu; mais aujourd'hui la voilure a disparu de presque tous nos cuirassés d'escadre.

Complètement achevé et armé, le *Duperré* coûte 16 millions.

L' « Onondaga ».

Demeuré sans emploi en Amérique, pour manque de vitesse, l'*Onondaga*, monitor cuirassé à tourelles, avait été acheté par notre Gouvernement, à son constructeur, en 1868. Les essais faits en Amérique avaient donné :

$$
\begin{aligned}
&\text{Vitesse} \dots\dots\dots\dots\dots\dots\dots\dots\dots\dots\dots\dots\dots\dots \quad 3^n,5 \\
&\text{Utilisation} \dots\dots\dots\dots\dots\dots\dots\dots\dots\dots\dots\dots\dots \quad 2,22
\end{aligned}
$$

et ces résultats, très inférieurs à ceux stipulés au contrat, avaient fait refuser ce bâtiment par le Gouvernement américain.

L'utilisation, dont il est question ici, est la valeur numérique du coefficient M dans la formule empirique

$$ v = M \sqrt[3]{\dfrac{F}{B^2}}, $$

formule où v est la vitesse en nœuds, F la puissance indiquée, B^2 la maîtresse section transversale immergée en mètres carrés.

M. Bienaymé fut directement chargé par l'amiral Rigault de Genouilly, alors Ministre, de rechercher les causes de l'insuccès de l'*Onondaga* et les moyens de lui faire retrouver une vitesse permettant de l'employer à la défense des côtes. En examinant de près la question, il fut amené à juger que les mauvais résultats, d'abord attribués à une certaine défectuosité des formes arrière, tenaient en grande partie à ce que les hélices n'étaient pas assez reculées et à ce que leurs supports, placés par derrière et trop développés d'ailleurs, empêchaient le libre écoulement des filets liquides. Il proposa, en conséquence, de reculer les hélices à la limite extrême de ce que permettait le jeu du gouvernail, leurs supports étant désormais placés par devant; et, accessoirement, de lancer à 110 tours, moyennant de légères modifications, les machines qui n'en avaient jamais battu plus de 60.

B.   2

Ces propositions furent adoptées et, en 1869, l'*Onondaga,* muni de nouvelles hélices, fit ses essais avec une vitesse de 7 nœuds et une utilisation égale à 3. Ce monitor avait coûté plus de 4 millions, et l'on peut estimer que la part des dépenses, dont il fut l'objet en France, afférente au relèvement de sa vitesse, n'a pas dépassé 40 000^{fr}.

III.

TRAVAUX HORS DE FRANCE.

Campagne de Chine 1860-1861.

Des trois campagnes qu'a faites M. Bienaymé, une seule donna lieu à des travaux d'un intérêt particulier : la campagne de Chine de 1860-1861.

Après avoir été, en 1859, chargé de surveiller la construction des canonnières démontables, qui se construisaient à la Seyne, M. Bienaymé fut, sur la désignation de l'auteur de ces canonnières (l'illustre Dupuy de Lôme), chargé d'en aller opérer en Chine le remontage, à l'aide d'un personnel choisi dans l'arsenal de Toulon. Le remontage s'effectua à Tche-fou, dans le Petcheli, pendant l'été de 1860, sur un point qui n'offrait par lui-même aucune ressource pour ce genre d'opération. Une première série de trois canonnières fut prête à temps pour participer à la prise des forts qui défendaient l'entrée du Peï-ho; la série suivante fut moins heureuse : un raz de marée bouleversa la plage, démolit les installations du chantier, enfouit sous un mètre de sable les outils et les apparaux, et apporta un retard notable à la suite des opérations.

Avant le montage des canonnières et en attendant l'arrivée des navires qui les apportaient, M. Bienaymé avait été chargé, à Hong-Kong, Wampoa et Canton, de diriger divers travaux de réparation; postérieurement, il eut à remplir le même office à Shanghaï depuis la fin de 1860 jusqu'au moment de son retour en France.

Mission en Italie.

En 1879, M. Bienaymé a été envoyé en mission en Italie pour visiter les arsenaux maritimes de Spezia, Livourne, Venise, Naples et Castellamare, et particulièrement pour étudier les grands cuirassés italiens de l'époque. On sait qu'alors nos voisins, non contents du *Duilio* et du *Dandolo*, dont le déplacement prévu atteignait 10 500 tonneaux, venaient de mettre en chantier l'*Italia* et le *Lepanto,* à cuirassement latéral nul, qui déplaçaient jusqu'à 13 500 tonneaux, et l'on se rappelle quelle émotion excita, dans l'Europe maritime, la hardiesse avec laquelle l'Italie se lançait dans la voie des énormes dimensions.

Le Rapport de M. Bienaymé est, sauf certains retranchements, inséré au *Mémorial du Génie maritime,* dont il forme la 1re livraison, année 1880; les conclusions n'en étaient pas favorables aux gros navires non cuirassés. Aucune puissance ne suivit d'ailleurs l'exemple de l'Italie, et c'est au contraire à maintenir la cuirasse sur les grandes unités d'escadre qu'il semble raisonnable de s'attacher plus que jamais.

Renflouage du « Panama ».

Dans l'intervalle de deux sessions de la Commission d'examen des mécaniciens (dont il est membre), M. Bienaymé fut autorisé, en 1872, à se rendre à Santander pour prendre part au renflouage du transatlantique le *Panama,* échoué dans la baie, presque dans le chenal. Le renflouage du *Panama* eut cela de particulier qu'on ne put boucher que très imparfaitement les déchirures de la coque qui s'étaient produites. Outre que les courants gênaient les scaphandriers, les déchirures portaient en partie sur des rochers qui n'en permettaient pas l'approche, et, de l'intérieur du navire, on se trouvait ne pouvoir y accéder. Il fallut, après jaugeage aussi exact que possible des crevasses et de leur débit d'eau, gréer sur un pont incliné de 20°, et presque entièrement caché par l'eau à marée haute, des pompes à vapeur plus puissantes que le débit des crevasses.

Le jeu de ces pompes, mises en marche à mer basse, étancha le navire, lui permit de se redresser d'abord, de flotter ensuite et d'être amené par un fond suffisamment commode pour qu'on pût y effectuer, les pompes fonctionnant toujours, une réparation à faux frais. Les préparatifs du renflouage durèrent quinze jours; l'opération en elle-même fut l'affaire d'une journée.

Le *Panama* déplaçait, chargé, près de 7000 tonnes; on a rarement eu à opérer le sauvetage de navires plus considérables.

IV.

DIRECTION DE L'ÉCOLE D'APPLICATION
DU GÉNIE MARITIME.

M. Bienaymé a dirigé, depuis la fin de 1880 jusqu'en 1886, l'École d'Application du Génie maritime. Transportée à Cherbourg en 1872, cette École a été ramenée à Paris en 1882, à la suite d'un décret rendu sous le ministère de M. Gougeard.

M. Bienaymé s'est attaché à faire disparaître de l'enseignement de l'École du Génie maritime toute partie théorique pouvant être considérée comme formant double emploi avec ce qu'on enseigne à l'École Polytechnique. Deux motifs l'y ont déterminé : c'est d'abord que les cours de cette dernière École comprennent, donné avec une force qu'on ne peut se flatter d'égaler à l'École d'Application, tout ce qui est nécessaire pour que les cours de l'École du Génie maritime puissent s'y souder sans qu'il soit besoin de faire le moindre retour en arrière ; c'est ensuite parce que, ainsi dégagé de branches théoriques, l'enseignement peut s'élargir d'autant sur l'application proprement dite, de manière à produire, ce qui est le but vrai, des élèves mieux préparés à rendre d'immédiats services à leur arrivée dans les ports.

M. Bienaymé a professé le cours de machines à vapeur. Depuis l'Ouvrage justement classique de Fréminville, on n'avait pas réuni en corps de doctrine les principales notions enseignées à l'École du Génie maritime touchant la construction des machines marines.

L'Académie des Sciences a bien voulu accorder le prix Plumey aux feuilles de ce cours, malgré leur rédaction hâtive et les imperfections qu'elles contenaient, imperfections que M. Bienaymé s'est attaché à faire disparaître dans son cours imprimé dont un exemplaire a été offert à la bibliothèque de l'Institut. Ce cours contient nécessairement de nombreux emprunts à Fréminville, Pâris, Zeuner, etc., aux Notes manuscrites des divers professeurs de l'École, à celles de M. le Directeur Sollier particulièrement et aux divers travaux insérés dans le recueil si riche du *Mémorial du Génie maritime*. Toutefois, M. Bienaymé croit pouvoir revendiquer comme lui appartenant, soit pour le fond, soit pour la forme, un certain nombre de points, et particulièrement ceux qui traitent :

Dans la deuxième Partie : des diagrammes ;

Dans la troisième Partie : de la marche à suivre pour la détermination des dimensions des principaux organes ;

Et presque toute la cinquième Partie, particulièrement le Chapitre des hélices, et une part de ce qui regarde les chaudières.

V.

PRÉPARATION

DU

PROGRAMME DE RECONSTRUCTION DE LA FLOTTE.

Quand, en 1890, M. le Sénateur Barbey, alors Ministre de la Marine, songea à arrêter la marche suivant laquelle, toutes réserves faites au sujet de modifications ultérieures, on procéderait aux mises en chantier, de 1892 à 1901, il fut nécessaire d'élaborer un programme de constructions neuves, embrassant, en dehors des torpilleurs :

> 10 cuirassés d'escadre,
> 1 cuirassé garde-côtes,
> 49 croiseurs de grandeurs diverses,
> 2 croiseurs-ateliers destinés à accompagner les escadres,
> 5 avisos-torpilleurs,
> 8 avisos,
> 7 canonnières.
> ______
> 82

Soit, au total, 82 unités de combat, s'étendant du grand cuirassé d'escadre jusqu'à la canonnière destinée aux stations lointaines.

L'ensemble de ce vaste programme a été, sous la direction personnelle du Ministre, élaboré de concert entre le Chef d'État-Major général et le Directeur du Matériel, et c'est à ce dernier qu'est échue la bonne fortune de formuler et de faire accepter les conditions techniques auxquelles devaient satisfaire les 82 unités de combat nouvelles. C'est ainsi que furent notamment préparés, après études à peu près complètes de chaque point, les programmes particuliers des types suivants :

Cuirassé d'escadre de 12000^t environ et 17^n,5 de vitesse, portant 2 pièces de o^m,3o , 2 de o^m,27, en quatre tourelles, 8 pièces de o^m,14 à tir rapide, en tourelles, et une nombreuse artillerie légère.

Cuirassé d'escadre de 11000^{tx} et 17^n,5, portant 4 pièces de o^m,3o réunies par groupe de 2 dans deux tourelles seulement, 10 pièces de o^m,14, en réduit, 6 pièces de o^m,10 et une artillerie légère très nombreuse.

(La vitesse des cuirassés précédents ne dépassait pas 16 nœuds.)

Croiseur protégé de 8000^{tx} et 19 nœuds, portant 2 pièces de o^m,24, 8 pièces de o^m,14, sans compter l'artillerie légère; ce type est destiné à porter pavillon d'amiral.

Croiseur de 4000^{tx} et 19 nœuds, portant comme artillerie principale 4 pièces de o^m,16 et 10 pièces de o^m,10.

Aviso de station, vitesse 15 nœuds; artillerie principale, 1 pièce de o^m,14 et 5 pièces de o^m 10; etc., etc.

Un trait commun à tous ces navires est que la vitesse au tirage naturel y est extrêmement voisine de la vitesse au tirage forcé, de manière à supprimer complètement la chauffe en vase clos.

Le second programme de cuirassé suppose l'emploi de trois hélices conduites par trois machines distinctes, système emprunté, comme on le sait, à M. de Bussy.

Un autre trait, à peu près général, est l'emploi des chaudières, dites *multitubulaires* à volume d'eau aussi restreint que possible, chaudières de plus grande sécurité que les autres et ayant, d'ailleurs, l'avantage de pouvoir, sans rendre le navire indisponible, recevoir de fortes réparations.

19040   Paris. — Imprimerie GAUTHIER-VILLARS ET FILS, quai des Grands-Augustins, 55.